U0265382

凤空间
FENG SPACE

王凤波　编著

辽宁科学技术出版社
·沈阳·

CONTENTS

样板间 售楼处
Model room
Sales office
8 – 1 7 3

著名表演艺术家萨日娜
在北京王凤波装饰设计机构成立时的感言

几年前，一本家居杂志上的一个装修案例，深深震撼了我，那浓烈到深入骨髓的色彩传递着无限遐想的生命空间，我沉醉其间，幻想着有朝一日我的家也会如此斑斓。

于是我记住了那位设计师的名字——王凤波，搜索了所有关于她的点滴，来自内蒙古科尔沁草原，毕业于工艺美院，专攻室内设计，在业内成绩斐然！

我幡然明了了那浓烈的色彩的出处就是我的家乡，五彩的科尔沁草原！我为这位我还不认识的乡亲感到了无限的骄傲！从此心中便觉得和她拥有了丝丝的关联。

再后来，我找到了她，凤波，和她的名字一样美丽的草原姑娘，她是五彩的，在她倾听你的诉求时端庄贤淑如家乡缓缓流淌的河水般纯净；在她用她敏锐专业的文化完成她独特的创作时开怀得如同草原上灿烂的阳光；在她面对纷繁复杂的装饰细节时又宽厚得如同辽阔苍茫的大地！

一年多的紧密交流仿佛我们彼此寻找到了失散多年的亲人，这是我们从对方眼中读懂的所有！

我庆幸我把自己余生的安身之所交给了她，因为我相信她会给我一份我专属的安宁和生命的从容！

凤波这个从草原上起飞的金凤凰，有了自己的工作室、网站，正在开创着属于她的辉煌！

相信她会给更多的追求美好而独特生命个体的人们带去五彩斑斓的美好生活！

希望，从这里起飞绽放，凤舞九天，自由翱翔！

Foreword: A speech by the famous performing artist Sarina at the foundation of Beijing Wang Fengbo Decorative Design Agency.

A few years ago, a decoration case on a home magazine deeply impressed me -- the strong color conveys infinite vitality. And I was stuck in fancy and hoped that one day my home could be like this!

So I remembered the designer's name ---- Wang Fengbo. And I search all the information about her: She is from Horqin Prairie of Inner Mongolia. She graduated from the Academy of Arts and specialized in interior design, and she has made remarkable achievements in design!

I suddenly realized that the strong color was from my hometown -- the colorful Horqin Prairie! I am so proud of her even though I just know little about her! From then on, I felt that there was a connection between she and I.

Later, I met her. Fengbo -- a girl as beautiful as her name. And she is colorful. When listening to your demands, she behaved demurely as the slowly flowing river in my hometown; when completing her unique and creative works with her professional knowledge, she was like the sunshine on the prairie; and when facing the complex decorative details, she was like the vast land!

After more than a year of close communication, we just like found each other who lost touch with for several years. That's what we can read from each others' eyes.

I believe that she will bring more color to people who have the pursuit of a better and unique life!

Fengbo, like a phoenix flying from the prairie, has her own studio and website now. She is creating her brilliant future.

I believe that she will bring more colors to people who have the pursuit of a better and unique life.

The dream sails from here. She will be a great success!

WANG FENG BO

王　　　　凤　　　　波

北京王凤波装饰设计机构 创始人兼设计总顾问
中国建筑装饰协会高级室内建筑师

出生于内蒙古科尔沁；
就读于中央工艺美术学院；
北京大学广告艺术设计；
人民大学EMBA；
从事室内设计20年。

个人主要荣誉：

2015年 荣获中华全国工商业联合会家具装饰业商会设计师委员会，即"中华设计委"导师称号。

2015年 荣获"2015PChouse时尚设计盛典"年度TOP10设计师称号。

2015年 第六届筑巢奖荣获公众-功能空间工程类金奖。

2013年 荣登《PURF Travel》纯旅游杂志封面。

2013年 被评为年度北京市室内设计行业优秀企业家荣誉称号。

2013年 被评为年度北京市室内设计行业优秀设计师荣誉称号。

2012年 入围《精品家居大奖》最具影响力的50个华人设计师。

2012年 设计作品刊登在著名杂志《时尚COSMO》。

2011年 入编"中国名家设计档案首部纪录片"人物。

2010年 荣获中国室内设计年度优秀作品奖 最具生活价值作品—别墅设计。

2008年 入选《改革开放三十年·辉煌的中国设计》中国百名有成就的资深与杰出室内建筑师作品集，特授予荣誉称号。

2007年 荣获中国第一届十佳配饰设计师评选中国优秀家居配饰设计师称号。

2004年 出版作品集《空间的灵魂》。

Model room
Sales office

样板间 售楼处

以整体大包的形式

我们数年来为近百个项目塑造了样板间和售楼处。

基于『打造销售工具』理念，『王凤波出品』成

为项目大卖的先决条件之一。

Dialogue between
black and white

黑与白的对话

内蒙古呼和浩特新城名苑样板间

如果只把世界归纳成黑白两色，极致的背后未免有
些单调。当一抹艳丽的黄色出现，一切将改变。斑
马纹把两种对立的颜色，和谐的编织在一起。理性
中蕴含激情，而恰到好处的会所，又让所有创造显
得那么理所当然。样板间之美，在于超越日常生活
之上，但又美丽得顺理成章。

Copenhagen
Concert
哥本哈根协奏曲

内蒙古呼和浩特新城名苑样板间

由一个个优美的音符组成一首美丽的协奏曲，飘扬在哥本哈根的大街小巷。清新淡雅的浅色调，把每个清晨到深夜的家居生活，变得灵动而舒适。时不时地跳出一抹亮色，就是生活中的小确幸，真实的存在着，让我们更加期盼即将到来的好时光。

17

Painting
and ink

丹青与水墨

内蒙古呼和浩特新城名苑样板间

简洁的几笔勾勒，就能在宣纸上幻化成美妙的世界。空间由中国古典水墨丹青衍化而出，不仅仅有黑白的虚实相生，更有五彩丹青的变化映衬。"富润屋，德润身"的古训言犹在耳。基于中国传统的对称美学与层次递进，更让人有徜徉其中不肯离去的向往。

Museum Tou
Understanding another life

博物馆奇幻之旅　领悟别样生活

内蒙古呼和浩特
国际青年社区ＶＩＶＡ样板间

韶光易逝，所以古玩令人痴迷。而设计师应甲方需求，巧妙的营造了一种既有现代气韵又将文化历史融混贯通的一个典雅别致的空间，这束典雅化成角落的一个守候，你的目光在，它就在，你的目光不在，她就躲在尘埃里等着你回来。

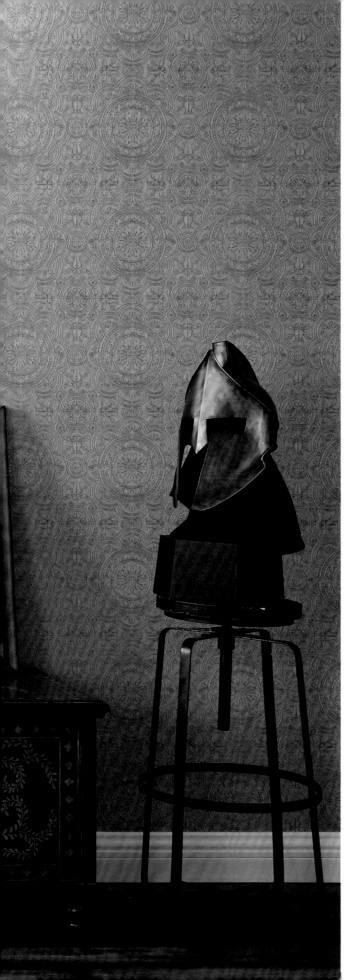

Love at first
Sight elegant romantic style
一见倾心 优雅之下的浪漫风情

内 蒙 古 呼 和 浩 特
国际青年社区VIVA样板间

这是一个如诗、如画的远方！每一处都是一道风景；
美的沁人心脾！美的无可挑剔！随处便可掬一捧浪漫；
温暖、融化你的爱人！——这就是法式乡村风情！
无须穿过千山万水，便可与法式风情，日月安然相
随， "远方"不在远方，而在你的家里，沉浸在浪
漫里，一杯红酒配电影，关上手机，舒服窝在浅棕
色沙发里，任一窗似水流年浅浅而去……

A thousand dreams
Looking for a fairytale life in the city
一梦千寻 在城市中寻找童话般的生活

内蒙古呼和浩特
国际青年社区VIVA样板间

在城市森林深处，曾想象疏离常规，有着不一样的生活。一梦千寻，寻踪阳光的足迹，梦想童话生活。设计师从加州阳光汲取灵感，将阳光融合到整个房间，局部添一盏蓝，或者一抹绿，一叶红，大胆色系的糅合，不杂乱，反而尽显绮丽之美！

55

Modern
is an attitude

摩登是一种态度

内蒙古呼和浩特
国际青年社区VIVA样板间

走进房间那一刻，你顿时感觉自己走到了一个流行T台，一种被里面的时尚元素所牵引，不知不觉中在这摩登的世界，成就了一个青春的自我，而这及其具有现代感的空间里，你并不会感觉到紧迫，踏在黑白相交衬的楼梯上，你仿佛用脚下的每一步书写着曲艺悠扬的人生。

Spectrum life
ALL charming
波谱装点生活 万般旖旎

内蒙古呼和浩特
国际青年社区VIVA样板间

波谱风,不是任何人都可以驾驭,具有一颗女王心的人,才衬得上如此旖旎空间,它夸张但不粗野,在张扬的个性下却处处流露出绅士的一种温存;空间采用的各种颜色的碰撞,即便是不大的空间采用了这么多的颜色也毫无违和感。

SOHU personality life
Art to life
SOHU个性生活 让艺术贴近生活

内 蒙 古 呼 和 浩 特
国 际 青 年 社 区 VIVA 样 板 间

你，或许不是艺术家，而sohu风，有自己的性格，使得你家里充满艺术气息。不管是黑色钢骨结构，原色木质地板，或者是曲线钢管扶手栏杆，亦或者是具有造型感的软装饰品，一切的一切，都是纯粹的艺术生活态度。

Smiling city of
Parisin the sunshine
阳光下微笑的巴黎城

内蒙古临河—巴黎阳光售楼处

温暖的阳光下，金色与蓝色装点空间，像波光粼粼的塞纳河臂弯里的巴黎城。在古老欧洲文明的衬托下，焕发着现代生活的光彩。倘徉在这个空间里，思绪会自然而然的飘向远方，沉湎于浓厚的异国风情当中。圣母院的钟声穿过飞起的鸽群，向每个人昭示着生活在继续。

81

Another
American Ambilight
流光溢彩 别样美式

内蒙古呼和浩特
闻都世界城样板间

舒畅的氛围洋溢在空间中，似乎还带有一丝丝刚刚出炉的面包的香甜气息。LOFT的精髓，在于把生活更加立体化，一道楼梯便带来无数美好的场景。在大大的落地窗前，崭新的家庭和崭新的生活，似乎变得更加阳光，一切的美好从这里开始。

Morandi color
Underthe northern wind
莫兰迪色系下的北欧风

内蒙古呼和浩特
闻都世界城样板间

乔治·莫兰迪（Giorgio Morandi）一生不曾结婚，人们都叫他僧侣画家。而正是这个孤独的人，给了无数家庭最美好的"莫兰迪色系"。低饱和度的灰调色系搭配北欧风格，并以金属质感来点睛，使空间呈现出独特的视觉效果。虽然是样板间，但更为参观者描摹了更美好的生活。

Spiritual end result
of western Cowboy

西部牛仔的心灵归宿

北京延庆 — 奥伦达酒庄接待中心

了解一片土地，从这栋建筑开始。无论是建筑还是室内，在不经意之间总有惊喜。纳帕溪谷的葡萄园，阳光和微风透过枝蔓，仿佛也弥散在每个房间里。代表着红酒与飞行的小型会所空间，透过古老的家具和饰品，正在讲述着一个个有趣的故事。风格与生活，在这里达成了和谐的统一。

Romantic feelings
of modern people
现代人的浪漫欧风情怀

内 蒙 古 呼 和 浩 特
闻 都 世 界 城 样 板 间

高雅而和谐，是新古典风格的代名词：将怀古的浪漫
情怀，与现代人对生活的需求结合，兼容华贵典雅与
时尚现代，反映出后工业时代个性化的美学观点。每
当和煦的阳光照进室内，灵动的空间会焕发出一种别
样的光彩，让每个人都有着莫名的感动。

119

Fashion
harbour
时尚港湾

内 蒙 古 呼 和 浩 特
金 石 香 墅 岭 东 区 样 板 间

爱着蓝色的人，有一种静水深流的无言之美。透过家的颜色，便看得到他的气质，有心境，有秉性，有气度。而这并不是全部，在这种端重下，柔和的曲线家具，却映射出了他品格如玉，温文尔雅。一刚，一柔，一侠骨，一柔肠，一港湾，却是一气度！

123

A hive
A consolation a quiet
一个蜂房　一份慰藉　几许清静

内 蒙 古 呼 和 浩 特
金 石 香 墅 岭 东 区 样 板 间

三百天来九州跑，南疆北国采花娇。
终日酿蜜身心劳，甜蜜人间世人效。

坠入繁华，每个都市白领，都犹如蜜蜂，用劳动换取甜蜜。基于这一灵感，设计师将样板间打造成一个"蜂房"，进而引发年轻人的共鸣！客厅墙上蜂窝为君裁，为的是在辛劳之外，还君一份慰藉，几许清静！

To filter out unnecessary
Sit the lotus like heart
静坐其中 素心如莲

内 蒙 古 呼 和 浩 特
金 石 香 墅 岭 东 区 样 板 间

走在霓虹灯下，穿过繁华，不过是一匆匆过客，推开那扇门，便是这里的主人。放下手中的繁杂，赏一莲花，喝一清茶，灵魂宁静如拂晓青莲，温闲秀雅！

The ultimate civilization
Splendid hidden
文明的极致　锦绣暗藏

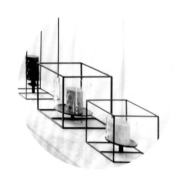

内 蒙 古 呼 和 浩 特
金 石 香 墅 岭 东 区 样 板 间

它，延续德意志民族精神的菁华，重细节，举止肃穆，秩序讲究。整个空间，看似几许冰凉，明清简净，甚至有距离感；稔其况味，却是，文明的极致，锦绣暗藏。且看细处，背景墙若隐若现纹路，墙角独自盛开的暗香，是端宁里的惊鸿艳影！

A Mediterranean find a moment
Of leisure in a busy life

雅居 "地中海" 偷得半日闲

内蒙古呼和浩特
金石香墅岭东区样板间

设计师是传说中的马良，浑然一笔，海天一色、纯美自然的地中海风装修，便可落入寻常百姓家。它，线条随意中带有柔美，色彩清新中透着自然，装饰摒去过度的浮华，日常雅居胜似闲暇度假，一小吧台，一杯果汁，悠然时光里偷得半日闲！

Elegant Macarons
The implication of noble
清雅马卡龙　蕴藉高贵

内 蒙 古 呼 和 浩 特
金 石 香 墅 岭 东 区 样 板 间

设计师灵感源于：法式贵族甜点——马卡龙，将法式的优雅，马卡龙的颜色，融柔一体；清雅中暗含高贵，优雅中深藏秀丽。素笺锦年里，静坐落地窗一旁，一杯咖啡，一碟马卡龙，一米阳光，心随律动，就此，长乐未央。

Villa

别墅大宅

从私人定制角度出发

打造『一墅一生』的别墅生活状态。我们从不拘泥于任何单一风格，而是从业主的要求中汲取灵感，打造更加完美的空间。

174

Oriental Provence
The carving art of life

东方普罗旺斯 雕刻艺术生活

北京东方普罗旺斯

走进去，仿佛置身于北美云杉林里的木屋，厚重、温暖，充满着猎人的力量，裸石、原木、深棕色的沙发，像是千年风化的地板，闭上眼便是丝丝缕缕森林的味道，抬头望向窗外，仿佛看到了阿拉斯加的皑皑雪原。也许，此时的你，窝在沙发里裹一张薄毯，捧一本普希金的诗集，任茶几一角那杯蓝山的薄雾轻舞飞扬，回归了自然,回归了安静!

Mongolia Plateau
The blue dream

蒙古高原 蓝色之梦

北 京 东 方 太 阳 城

在这套别墅中大量使用了蒙古族、藏族等富有少数民族特色的装饰手法，并以蓝色、白色等蒙古族装饰风格中特有的颜色搭配，来贯穿整个住宅的始终。

A heart valve
Faint fragrance

一瓣心莲　幽幽暗香

北京干樟墅

以诗意为源，以莲花为入口，一种古香古色的气质扑面而来！似乎你可以闻到淡淡的莲花香气，由此想到它出淤泥而不染的高洁，褪去一身疲倦与外界的纷扰，做一个莲花般淡雅安静的人！

197

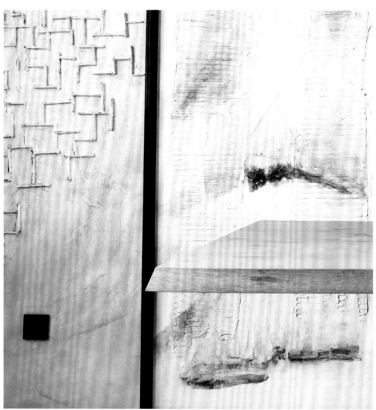

Central Europ exchange
Gleaming
中欧合璧 熠熠生辉

北京晴翠园

别墅整体以传统的中式风格为主线，大量利用传统的中式元素与施工工艺，营造出一份"雕梁画栋"的雍容华贵。在局部的细节处理方面，设计师从中式风格中抽离出有代表性的元素，加以变化和修正，使之更符合现代人的生活品质。

All kinds of exotic collision
Bright sublimation

各式异国风情碰撞　璀璨升华

北京首府

设计师在这套别墅设计中，综合运用了各种室内设计风格，把中式、阿拉伯式、欧式以及现代风格的不同装饰手法混合搭配，而混搭让各式异国风情的不同装饰风格不再遥远，让各式打破疆界的设计交相呼应，璀璨升华。

218

Love of
The white Paris

白色巴黎之恋

内蒙古乌兰浩特—碧桂园

很多的浪漫故事,都源于法国的宫廷。体味凡尔赛的烛光鬓影,在奢华间让时间流淌。纯洁的白色与欧式有着不解之缘,而金色又代表着奢华与尊贵,两种欧洲宫廷色彩,也同样装点着我们的生活,装点着这栋别墅的美丽空间。

221

Champagne gold
Depicting luxury European style
香槟金描摹奢华欧式

内蒙古乌兰浩特—碧桂园

香槟金与咖啡色彩，远在万里之外渲染出一片欧洲传统风情。家是主人的私属，是心灵的外放，是岁月的累积，也是我们能放心栖息的地方。梦的影子与心中幻想，最终具象成我们的家居环境，成为我们最希望生活其中的空间。

我们自己有着
十余年经营度假村的经验

曾涉足于各类星级酒店、民宿及主题酒店的设计

及整体空间塑造工作，个性化的酒店空间往往最

受旅客的青睐。

232

Legend of the prairie
American style Chalet Resort
草原深处的传奇 美式木屋度假村

河北丰宁
坝上传奇庄园骑士俱乐部

策马奔腾于草原深处，坐看云起时，是都市小资心之所往。坝上传奇庄园，提供契机。来到这里，望天上云卷云舒，地上花影扶疏，遗梦一场！漏断人初静时，静坐美式木屋，浅酌几杯，无关风与月，醉笑三千场，不用诉忧伤！

235

ERON Mountain Inn
Long days of landscape color
玉龙山下客栈 山水长天共一色

云 南 束 河—云 树 小 镇 客 栈

这座美丽的客栈——"云树小筑"，坐落于云南丽江
束河古镇景区，它集现代简约、中国古典、民族特色
于一身，糅山、水、树等天然景观浑成一色，房间和
公共区域多处落地全景玻璃。您不但可以充分感受丽
江的明媚阳光，也能尽享飘自玉龙雪山的纯清气息。

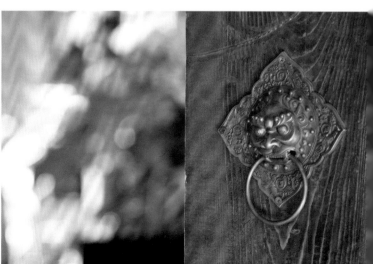

Club
会　所

无论是企业会所

还是私人会所，无论是运营类的会所还是私人会所，保证私密性和满足个性化需求，往往是客户和我们要达成的第一目标。

Art theme
Club Horse grass
艺术主题俱乐部 马奈草地

北京马奈草地国际俱乐部

走进俱乐部，气势磅礴的穹顶，弧形的落地玻璃窗，瞬时引人入胜，就是进入普通大厅的接待区，也能让客户体会到VIP贵宾级的待遇；而俱乐部香汇中餐厅19个包房，用各个年代可以影响世界的沙龙命名，充满着艺术文化气息，除此之外艺术主题西餐厅的13间园景房，同样彰显着不同的浪漫气质和文化品位。

255

Mellow coffee
Engraved leisure time
醇香咖啡 镌刻悠然时光

北京时艺汇名表主题会所

设计师采用了部分英法古典主义风格的元素，结合彩色玻璃窗和经典油画造型，为空间带来一种平和安谧、雅致温和的感觉。醇香的咖啡诱惑着客户的味蕾，名表的魅力紧紧拴住客户的心，把卡座与书架组合在一起，形成浓浓的文化氛围，让客户享受一个惬意悠然的消费时光。

The most beautiful met
Faint of Yoga

最美遇见 幽幽瑜伽馆

北 京 优 澜 汇 瑜 伽 会 所

走进这所会所，从视觉上就能感受到瑜伽文化魅力，对于心灵更是一种震撼；对于会所的设计，设计师更多采用柔和的曲线设计，结合中式的传统文化和欧式的软装，整个空间看起来更加的宁静典雅，而局部又融入了泰式风格元素，进而使得瑜伽的文化气息更加浓郁。在这里遇见瑜伽，也许是一个女人最美的遇见吧！

Commercial space

商业空间

餐饮、销售及各类服务型商业空间，其最重要的作用，就是为业主带来收益。秉承这一理念，我们让空间最大限度的，区别于竞争对手，服务于销售环节。

A barbecue shop
in the depths of flowers

百花深处的烧烤店

北 京 百 花 深 处 烧 烤 店

一家名为"百花深处"的烧烤店，到底有多少有趣的故事？在奇幻的动物园里，烤上几只小腰、来一盘"花毛一体"，就着一瓶瓶冰镇"普京"，会有怎样的荷尔蒙充斥我们的身心呢？愿岁月静好、那个年轻的夏天永远留在我们的记忆里。

You need a nail room of your own
Half is fanaticism half is silence

你需要一个属于自己的美甲空间 一半是狂热 一半是寂静

北 京 舒 兰 美 甲 店

美甲，对一寸指甲的细细打磨，折射精致人生态度。在这样一个空间，美式的优雅，中式的醇厚，相互映辉，哪怕一个无意低眉，也是一幅画卷。大胆色系的碰撞，释放了内心的狂野；复古的软装，安静了内心的焦躁。此刻，你不受拘囿，你就是本真的你，一半是狂热，一半是寂静。

Magic nail shop
Abundant Charm
魔力美甲店 意趣盎然

北京尤耐美甲店

美甲，美的不仅是指甲，更是一种心境！粉色，对女人来说，有一种无法抗拒的魔力，在高级灰的映衬下，多了一种幽微飘渺的情致。瑰丽软装，妩媚了空间，清瘦了岑寂，愈显意趣盎然！

Falling love with a shop
starts with decoration

爱上一家店 始于装修

北 京 日 式 美 甲 美 瞳 店

爱上一家店，始于装修，当你轻轻走过，纵使无心美甲，心却已被静坐阳光深处的它所俘虏。精致的防腐木地台，一吊椅，一遮阳伞，一花一草，熠熠生辉。走进去，淡淡的马卡龙色系，简美的软装，符合人体工程学的设施，足以让你褪去所有的疲惫，来一场闲雅的精神享受。

Internet cafes must be full of strength
like a lion and a bear
网咖 须像狮子熊一样充满力量

内蒙古呼和浩特狮子熊网咖

它，契合了"狮子熊网咖"这一主题，没有刻意去寻觅，便滋蔓着一种斗志，一种张力。明确功能分区，进行个性化设计，在门口咖啡吧，他是一个和平时代温文如玉的绅士，旁边的书架，便是他的精神食粮。在游戏区，他又是一个虚拟世界的猛士，周边的铁艺，是他无形的力量。

Encounter exaggeration Pop Art
Meet their wild and intractable

邂逅夸张波普风 遇见桀骜不驯的自己

甘 肃 敦 煌 — 遇 见 你 火 锅 店

因为刚好"遇见你",留下足迹才美丽。遇见你火锅店,
名字足够的浪漫,而浪漫下却饱含着张扬,夸张的波普
风,大胆的运色,千奇百怪的图案,演绎一种新一代年
轻潮流。在火锅店的一角,设立小酒吧,顾客可在这
样的氛围里,尽情释放,遇见内心那一个桀骜不驯的自
己!

很高兴遇见你

Beautiful space
keep good time
曼妙空间 留住美好时光

内 蒙 古 呼 和 浩 特
DNA韩式皮肤管理中心

慵懒的午后时光，在漂亮的美容院里是最容易消磨的。
一幅"世纪女神"奥黛丽·赫本的巨幅照片，迎接着
每位光临这所美容院的顾客。欧式风格与简约风格相
混搭，创造出轻松舒适的经营氛围，让每位顾客在这
里除了消费之外，还可以享受一段悠闲的时光。

A full-bodied coffee shop
it is a spiritual station

艺术气息浓郁咖啡馆　便是一心灵驿站

北 京 Miss Me 咖 啡 厅

时光清浅，遣散了流年，且趁闲身未老，寻觅一心灵小憩驿站。裸露的钢管，随性的灯光，手绘的壁画，几把复古的椅子，一张简约的桌子，这样的咖啡馆，看似随意，却是一片艺术天地，为灵魂深处无处安放的艺术细胞，给予一个栖身之地。

Stop for coffee
Cleanse the heart tired

为咖啡驻足 涤荡倦怠的心灵

北 京 P u n t o 咖 啡 厅

拂晓城市森林，走在时光深处，诗意寻踪。我愿意为一
杯咖啡，一本书而驻足。谛视，这面深红的墙，一种典
雅气质扑面而来，不规则的数字蕴藉着前卫。阳光透过，
咖啡的醇厚，夹杂着淡淡书香，掩不住的文艺气息，涤
荡那颗倦怠的心灵。

Office space

办公空间

遵循现代办公

「高效、融洽及安全」原则，体现企业文化理念，用环境去影响员工，并向来访者传达公司的精神所在。

328

Call your dreams home
SOHO gens's commercial and residential space

唤取梦想同住 SOHO一族的"商住"空间

北 京 淘 宝 电 商 办 公 室

等风来，不如追风去，追风道阻且长，寂寞无形路，唤
取梦想同住。栖息闹市一隅，楼上，可居；楼下，可商，
把生活和梦想相柔和，这便是我想要的模样。工业风的
商住空间，是时代的低吟浅唱，金属铁艺，是意志坚韧
的见证。如此，拼搏，不负光阴不负梦。

331

Love the entrepreneurial space
Calm and cheerful together
恋上创业空间 沉稳与欢快同在

北京渔火影视文化
传媒办公空间

小心翼翼捧着梦想，为它寻一处栖息之地，用心安放在办公处。创业，背负太多，终须做减法，一切从简，这便是它的核心。设计师剔除一切烦琐的装饰，用最直白的装饰语言，传达空间的宁静。而不同空间，也有跳跃的色彩，一种雀跃感便跃然而起。

Office space
Where is the dream of sailing

办公空间是梦想起航的地方

北 京 王 凤 波 设 计 机 构 老 址

寻觅梦想的路上，我们血脉偾张，不辞昼夜，设计装潢。终于，梦想模样就此无羞，柔美的弧线，浅奏着优美的旋律，桃红的墙面，传达了热血激昂，简约的办公用品，落落大方，堂中静坐的菩萨，低眉含笑，心念念，成功之道无他，惟悉力从事你的工作，而不消存沽名钓誉之心，方得始终！

Strayed into the Peach Garden
Shuìyunjìan greed
误入桃花源 贪念水云间

北 京 王 凤 波 设 计 机 构 新 址

走进这座翠绿清芬的院子，恍如误入桃花源，吟一声的眷恋，贪念水云间。推开大门，波光粼粼，鱼儿嬉戏，花儿静默含笑。不加修饰的墙砖，欲藏还露，幽微飘渺；裸露的钢管，肆意奔放；且看细处，件件精雕细琢的艺术品，都是一处令人怦然心动的景致，不将就的工作态度，由此得以生动体现。

The beauty of
deconstruction and structure
解构与结构之美

正觉文化办公空间

在一座1000平方米的厂房中，利用空间本色的体量感和结构穿插，加上各种拆解与组合。一个简单直接却又富于内涵的传媒办公空间呼之欲出。冷静与奔放可以结合在一起，而功能与美感更密不可分。色彩的调配与跳跃，更让这个办公室显得与众不同。

服 务 于 钟 爱 设 计

的普通人，在预算有限的情况下，创造更加美好
的生活空间，力争让所有人感受到室内设计的魅
力所在。

372

Log Mashup

The book house recover the original simplicity

原木混搭 返璞归真的书香之家

北 京 北 苑 家 园

这一草一木，攒了一世的清新，只为氤氲整个空间。家具，各在自己的位置，不加雕饰，随意组合，诠释着一种不加修饰的生活态度。中式软装的加入，消减了尘世的繁芜，多了几分文化韵味，各种混搭，成就了返璞归真的书香之家。

Pure white life
is more colorful

纯白生活更多彩

北 京 北 苑 家 园

在断舍离之后，生活会呈现另外的样子。越是简单的，就越是丰富的。纯白的底色上，可以安排任何色彩的家具和装饰品。而白色又是包容的，任何风格的装饰物，在白色的"笼罩"之下，都可以和谐的并存于一个空间之内，并带给人不同以往的感觉。

Mix without boundaries
Restore real life
无界限混搭 还原真实生活

北 京 明 天 第 一 城

屋主喜欢这种美式乡村的质朴和东南亚的绚丽色彩，同时设计师也将屋主家乡蒙古族丰富的图案融入其中，屋内处处充满屋主熟悉的味道。没有界限的混搭，个性而又充满着个人色彩和标签，还原了生活的本质，遵从了屋主的心愿，如此岁月甚好，日暮天涯，与君依，看尽繁华笑浮生……

Made of wood
Return to natural life
素木，回归自然生活

北京望京家园

"素木"这个名字，对于这套案例，再恰当不过了。"素"，代表了它的颜色，主要以黑白灰为主，整个空间看起来非常素雅，安静；而"木"则代表着它的质感，原木元素成为这里主场，为空间平添了几分自然，几分认真，也是一种回归自然的生活态度的体现。

391

Home Irrelevant size

Love is fine

家，无关大小，有爱就好！

北 京 天 鹅 湾

一个家，一个归宿，无关大小，有爱就好！面对空间不足，设计师尽可能增加储物功能，色调明快，原木选材，细节处理上，张弛有度。即便是空间不足，却情致隐隐，虽至简至净，却不见轻浮漂芜，客厅置物架上的书籍，欲藏还露，浅浅如画！

Passionate

Vivacious

Warm

Joyous

图书在版编目（CIP）数据

凤空间 / 王凤波编著 . — 沈阳 ： 辽宁科学技术出版
社， 2018.9
　ISBN 978-7-5591-0678-0

　Ⅰ．①凤… Ⅱ．①王… Ⅲ．①室内装饰设计－作品
集－中国－现代 Ⅳ．① TU238.2

中国版本图书馆 CIP 数据核字（2018）第 058576 号

出版发行：辽宁科学技术出版社
　　　　　（地址：沈阳市和平区十一纬路 25 号　邮编：110003）
印　刷　者：深圳市雅仕达印务有限公司
经　销　者：各地新华书店
幅面尺寸：245mm×260mm
印　　　张：33²/₃
插　　　页：4
字　　　数：280 千字
出版时间：2018 年 9 月第 1 版
印刷时间：2018 年 9 月第 1 次印刷
责任编辑：张　珩
封面设计：屈　洋
版式设计：屈　洋
责任校对：周　文

书　　　号：ISBN 978-7-5591-0678-0
定　　　价：418.00 元

联系电话：024-23280035
邮购热线：024-23284502